聪颖宝贝科普馆

趣味科学启蒙，给孩子的贴心科普老师

先进战机

胡君宇／编著

辽宁美术出版社

图书在版编目(CIP)数据

先进战机 / 胡君宇编著. — 沈阳 : 辽宁美术出版
社, 2024.7

(聪颖宝贝科普馆)
ISBN 978-7-5314-9761-5

Ⅰ.①先… Ⅱ.①胡… Ⅲ.①军用飞机—青少年读物
Ⅳ.①E926.3-49

中国国家版本馆 CIP 数据核字(2024)第 097352 号

出 版 者 : 辽宁美术出版社
地　　　址 : 沈阳市和平区民族北街 29 号　　邮编 : 110001
发 行 者 : 辽宁美术出版社
印 刷 者 : 唐山楠萍印务有限公司
开　　　本 : 889mm×1194mm　　1/16
印　　　张 : 5.5
字　　　数 : 40 千字
出版时间 : 2024 年 7 月第 1 版
印刷时间 : 2024 年 7 月第 1 次印刷
责任编辑 : 王　楠
装帧设计 : 胡　艺
责任校对 : 叶海霜
书　　　号 : ISBN 978-7-5314-9761-5
定　　　价 : 88.00 元

邮购部电话 : 024-83833008
E-mail : lnmscbs@163.com
http://www.lnmscbs.cn
图书如有印装质量问题请与出版部联系调换
出版部电话 : 024-23835227

目录

目录

写在前面

　　战斗机是指主要用于保护我方运用制空权以及摧毁敌人使用制空权之能力的军用机种，主要指歼击机、强击机。它是航空兵进行空战的主要机种，也可用于对地（水）面目标攻击。主要特点是：速度快、上升迅速、升限高、机动性好、操纵灵便、作战火力强。第一次世界大战初期，法国率先把地面机枪装在飞机上用于空战，随后出现了专门的战斗机。1945年以来，随着世界军用飞机的构造日益复杂，航空技术成为科学研究的最前沿，每一种原型机的出现都是一个长期的、代价高昂的研发过程。可以说，正是飞机内部结构图——这些以前只有少数军方技术人员才掌握的高度机密——使得原本只是概念中的飞机飞上了蓝天，并发展成为世界上威力最强大、结构最复杂的飞行器。

　　本书收集了38种当今世界上的先进战机，其中就包括新近问世的战机，并修订了老版本的陈旧信息，力求与时俱进，不仅适合较少接触武器知识的中小学生，还能让军迷有所收获。在语言描述上，本书措辞严谨，用语简洁易懂；对每款战机都有相应的参数介绍，包括各种飞机的尺寸、飞行速度和机身构造；每种战机都配有外形高清图，多角度展示战机外观，部分重要战机还有额外添加的大图，极具观赏性和收藏性，最适合那些对飞机感兴趣的小读者。

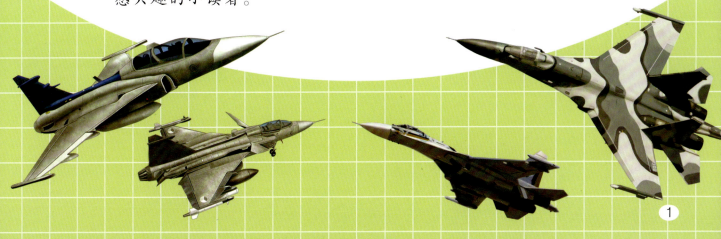

米格-23 战斗机

解密档案
JIEMI DANG'AN

气动布局:	变后掠翼
发动机数量:	单发
飞行速度:	2.35 马赫
机　　长:	15.88 米
翼　　展:	13.97 米
机　　高:	4.82 米

米格-23 战斗机诞生于 20 世纪 60 年代,是由苏联米高扬-格列维奇设计局研制的超音速喷气式战斗机,属于第二代战斗机。20 世纪 70 年代至 80 年代,苏联防空部队主要装备的就是这一型战机。该战机的诞生一方面是为了满足苏联军方与美国争霸的全球战略,另一方面是因勃列日涅夫的上台使苏军前线轰炸航空兵摆脱了赫鲁晓夫所信奉的"导弹代替飞机"观点的影响而重新得到重视。

▶ 米格-23 战斗机在外形设计上大胆创新,舍弃了传统的进气设计,改为从两侧进气。这为战机头部省出了空间,便于安装大直径天线的火控雷达。

▶ 米格-23 战斗机采用变后掠翼气动布局,改善了起降性能,航程大大增加。

▶米格-23 战斗机机身上安装有 4 个油箱,机翼上另有两个油箱。执行远距离任务时,米格-23 战斗机还可下挂 3 个副油箱。

◆ 横穿领空事件

1989 年 7 月 4 日,苏联空军的一架米格-23 战斗机在起飞后不久发动机加力燃烧室推力骤减,高度建立不足,飞行员在距地面仅 150 米的低空安全弹射出座舱。而无人驾驶的战机并没有立即坠毁。战机一路穿越德国、美国的领空,飞入比利时领空,在燃料耗尽后坠毁。

▶米格-23 战斗机有 5 个外挂架,左右机翼和左右进气道下各有 1 个,最后 1 个在机身下中央位置。

◆ 毁誉参半

由于米格-23 战斗机曾在战争中表现不佳,比不上 F-15 战斗机,更落后于 F-16 战斗机,所以一度声名狼藉。但在苏-27 和米格-29 战斗机服役之前,米格-23 战斗机依然得到了广泛的应用,不但装备苏俄空军、防空军,还大量出口国外,在当时享有较高的声誉。

米格-25 战斗机

米格-25 战斗机的诞生打破了当时战斗机飞行速度的极限,超过了 3 马赫。该战机由苏联米高扬-格列维奇设计局研制,为执行空中截击任务而诞生。实际生产中该机型中多数是侦察型,只有少数是截击型。1964 年,米格-25 战斗机首次完成试飞,于 1969 年正式进入军队。该战机除了装备于苏联空军,还出口多国,直到冷战时期,多国空军中还能见到米格-25 战斗机的身影。

▶机身材质大部分是不锈钢,导致战机整体重量较大,耗油量自然也大,因此米格-25 战斗机的油料无法维持战机持续太久的高速飞行。

解密档案 JIEMI DANG'AN

气动布局:	变后掠翼
发动机数量:	双发
飞行速度:	3.20 马赫
机　　长:	22.30 米
翼　　展:	13.95 米
机　　高:	5.70 米

20世纪70年代,一名苏联飞行员驾驶着米格-25战斗机叛逃,以至于米格-25战斗机落到了美军手中。直到这时,美军才如梦初醒,原来米格-25战斗机不是什么合金战机,而是不锈钢造的战机,这样就大大节省了战机的制造成本。当时,美国的"黑鸟"战机可谓是超级昂贵,SR-71黑鸟仅仅生产了32架,而米格-25战斗机因为有着造价低廉的优势足足生产了1200架。

▶ 米格-25战斗机机型当中有少部分是教练型,该机型的教练员舱设在原驾驶舱之前,没有配置雷达和武器,这样的设计便于将修改部分局限在前机身。

◆ 破多项世界纪录

1964年3月6日,米格-25战斗机的原型机试飞成功。该型战机在历经十余年的研发后,成品一诞生便打破了多项世界纪录,其最大的亮点就是它的最大飞行速度达到了3.2马赫。当时,在速度上能与米格-25战斗机匹敌的只有美国的SR-71黑鸟,但黑鸟垂直爬升速度不如米格-25战斗机,这要得益于它配备的两台R-15B-300加力涡喷发动机。

米格-29 战斗机

米格-29 战斗机诞生于 20 世纪 70 年代,于 1977 年完成首次试飞,是一型由苏联米高扬-格列维奇设计局研制的超声速战斗机,它的绰号"支点"得自北约组织。米格-29 战斗机于 1983 年正式装备部队,两年后开始投入使用。该战机有多个型号,可执行截击和对地攻击任务,在中、低空格斗能力和下视下射能力方面较为出色。

解密档案
JIEMI DANG'AN

气动布局	后掠翼
发动机数量	双发
飞行速度	2.30 马赫
机　　长	17.37 米
翼　　展	11.40 米
机　　高	4.73 米

◆ 航电系统落后

米格-29 战斗机在俄军中属于四代半战斗机。遗憾的是该战机的航电系统相较于西方战机的航电系统十分落后。出现这一问题的原因在于俄罗斯的硬件依赖于西方国家，许多器件是进口自西方国家，可西方国家岂会将自家最先进的航电系统卖给苏联专家，出口给俄罗斯的大都是老旧的晶体管或者功率较低的 TR 模块。

▶ 采用翼身融合设计，机翼内段前端形成边条，后掠角 73.5°。机翼外段前沿后掠角 42°，展弦比 3 : 5,2° 下反角。翼身融合体带来的升力占总升力的 40%。外段机翼上有液压控制的副翼。

◆ 空中解体坠毁事件

米格-29 战斗机曾因战机的垂直尾翼锈蚀损坏，在飞行途中垂直尾翼断裂，导致战机空中解体坠毁，这一事件在当时震动了各国军界。无独有偶，印军购买的米格-29 战斗机当中也多次发生坠毁事件，但家底不充裕的印军并不想舍弃米格-29 战斗机。相较而言，我国在当时拒绝了俄军向我国推销的米格-29 战斗机，选择了苏-27 系列战斗机，足进了我国战机的研发进程，事实证明我们的眼光要好上许多。

▶ 战斗机的垂尾采用双垂尾方式，材质为碳纤维复合材料，采用蜂窝结构。垂尾向机身外侧倾斜 6°，前沿后掠角 47° 50′，方向舵偏转角为 ± 25°。全动平尾后掠角约 50°，操纵面上都未配备调整片。

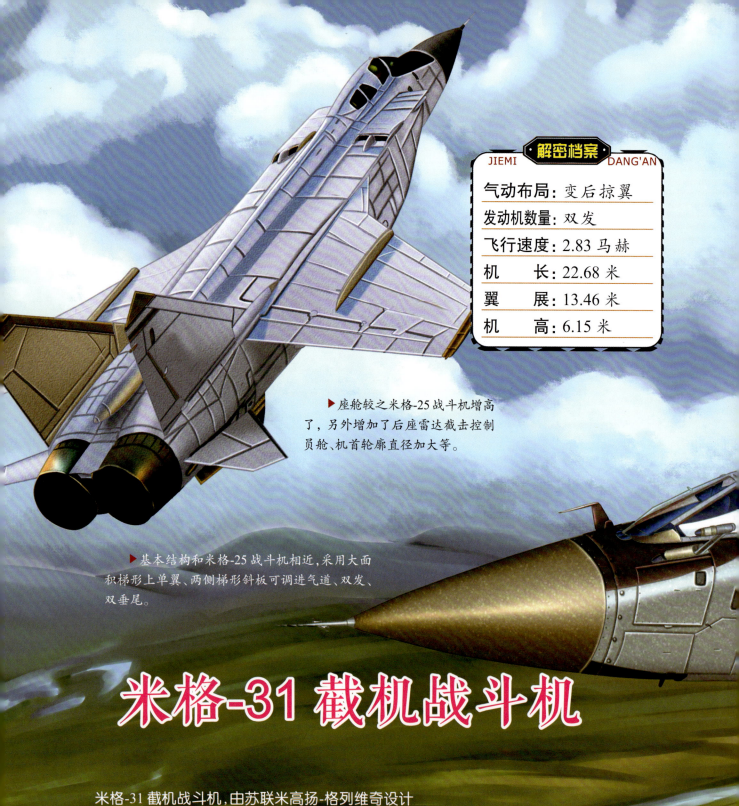

解密档案
JIEMI　　　　　　DANG'AN

气动布局：变后掠翼

发动机数量：双发

飞行速度：2.83 马赫

机　　长：22.68 米

翼　　展：13.46 米

机　　高：6.15 米

▶ 座舱较之米格-25 战斗机增高
了，另外增加了后座雷达截击控制
员舱、机首轮廓直径加大等。

▶ 基本结构和米格-25 战斗机相近，采用大面
积梯形上单翼、两侧梯形斜板可调进气道、双发、
双垂尾。

米格-31 截机战斗机

米格-31 截机战斗机，由苏联米高扬-格列维奇设计
局研制，是一型串列双座全天候截击战斗机。该战机于
1976 年开始研制，是以米格-25 战斗机为基础发展而来，
在外形上与米格-25 战斗机相近，于 1983 年正式服役。

◆ "重量级"战机

　　米格-31截机战斗机的建造在整机减重上下了很大功夫,尽可能地在机体结构中加入轻质合金材料。当然,减重的前提是保障米格-31的总体性能。其中飞机的最大飞行速度和材料的耐热性都是考量战机性能的关键因素,不能忽视。然而遗憾的是,苏联当时的钛合金焊接工艺还不到位,因此在制造米格-31时加入战机的钛合金比例无法超过17%。此外,米格-31另外增加了后座雷达截击控制员舱,机体延长,设备和人员增加,导致米格-31的全重无法有效降低,甚至比上代战机还要重了近2吨。

　　▶大量采用钛合金作为建造机身的材料,在整机结构上实现了优化,从而提高了该机的载荷,因此被誉为"炸弹卡车"。

◆ "同温层怪兽"

　　米格-31给军迷最大的印象就是它的体形,它的大小几乎和波音737客机相当,其尾喷口能各自站上两个成年人,其余战机在它的面前毫无可比性。饶是如此大的体形,米格-31在飞行速度和续航时间上却表现得十分优秀,最快飞行速度达到2.83马赫,续航时间为3.6小时,一次空中加油可飞行6～7小时。有着体形的优势,米格-31足有8个外挂架,保证了导弹的携带量,使得该战机高空高速截击能力十分强悍,因此被称为"同温层怪兽"。

苏-27 战斗机

苏-27 战斗机诞生于 20 世纪 70 年代，是由苏联苏霍伊设计局研制的一型三代战斗机，属于重型战斗机。具有突出的空中优势，机动性强悍，作战中主要执行护航和巡逻任务。苏-27 战斗机始一亮相便打破了多项世界纪录，其技术指标在当时引起各国军界的关注，可谓是 20 世纪 70 年代苏联航空技术的巅峰之作。

▶苏-27 战斗机配备的两台 AL-31F 涡轮风扇发动机间距较大，进气道的气流得以保证不会出现间断情况，这样的设计提升了战机驾驶的安全性。

解密档案
JIEMI DANG'AN

气动布局：	三角翼
发动机数量：	双发
飞行速度：	2.35 马赫
机　　长：	21.93 米
翼　　展：	14.70 米
机　　高：	5.93 米

▶该战机的进气道中安装有过滤网，可以保证在飞行途中不会将异物带入战机引擎。

▶苏-27 战斗机没有采用复合材料，机身中包含大量的钛金属，大大减轻了整机的重量。

▶采用扁平的升力体机身设计，两台发动机都安装在战机下面，供给战机强悍的升力，战机在爬升和盘旋时优势明显。

◆"空中手术刀"事件

1987 年，苏联军方发现挪威空军的一架 P-3B 巡逻机侵入本国领海，于是出动苏-27 战斗机进行拦截。当时苏-27 战斗机的信息还未公布，挪威的飞行员并不清楚苏-27 战斗机的本领，没将苏联飞行员做出的驱逐行为放在眼里。苏联飞行员愤怒之下直接驾驶苏-27 战斗机钻到 P-3B 巡逻机下方，然后提速擦了过去，苏-27 战斗机右边的垂直尾翼如同手术刀一般，不仅在 P-3B 右边机翼外侧的发动机上划下一个大口子，还导致 P-3B 的发动机停机。

▶ 苏-30 战斗机有多个型号,其中 MK 型第一批生产型采用 AL-31F 加力涡扇发动机。后期生产的苏-30 战斗机换装 AF-31FII 矢量推力发动机。

▶ 机翼下方有 8 个外挂架,机身下方有 4 个外挂架,一共 12 个外挂架,可载弹 8 吨。

苏-30 战斗机

　　苏-30 战斗机是由苏联苏霍伊设计局研制的一型双座双发多用途战斗机,于 1986 年开始研制,1989 年 12 月 30 日完成首次试飞,属于三代半战斗机。该战斗机是第三代战斗机的改进型号,低空航行能力强、机动性良好,适合对空对地作战任务。苏-30 战斗机具备一定的隐身性能,配合不俗的低空飞行能力和机动性,即便缺乏指挥系统的指示,战机飞行员仍能完成多种战斗任务。根据需求的不同,苏联研制了不同型号的苏-30 战斗机,其中出口印度的型号为苏-30MKI,出口中国的为苏-30MKK。

◆ "炸弹卡车"

在战机的机载武器上,苏-30MKK 战机可以挂载当时绝大多数俄制空对空和空对地武器。苏-30MKK 战机一共有 12 个武器挂点,与传统苏-27 战机的区别主要是在机翼内侧增加了一对重载挂架。最多可以挂载 4 枚近距空空导弹,另外 8 个挂点可以挂载 R-77 中距空空导弹以及大量的空对地精确制导武器。

◆ "跨海神鹰"

21 世纪初,印度版本的苏-30MKI 战机理论上比我国的苏-30MKK 先进,但是在可靠性上,我国引进的苏-30MKK 战机要更为成熟。由于这型战机航程远,对地攻击能力强,特别是中国空军第一架具备超视距空战性能的战机,当时官方媒体一般称之为 "跨海神鹰"。

▶ 机翼和机身构成统一的翼型升力体,即整体气动布局,这样的设计优点在于让战机拥有可观的气动性能和升力系数,减少了超高速飞行时的波阻。

解密档案

JIEMI　　DANG'AN

气动布局:	后掠翼
发动机数量:	双发
飞行速度:	2.10 马赫
机　　长:	21.90 米
翼　　展:	14.70 米
机　　高:	6.40 米

苏-32 攻击机

　　说到苏-32 攻击机,很多人会想到苏-34 战斗轰炸机,将其混为一谈。在 20 世纪 90 年代中期,苏-32 攻击机超声速多用途远程岸基海上攻击机公开的时候,曾经一度引起轰动。苏-32 攻击机与苏-34 战斗轰炸机一样,这两型战机都是在苏-27IB战机的基础上改制而来,在体形上都较为庞大;不同的是前者主要用于海上战场,后者主要用于地上战场。

◆ 体形最大的战斗轰炸机

　　苏-32 攻击机装备有两台 AL-31FM1 涡扇发动机。如果苏-32攻击机装载 8 吨弹药,战机的最大作战半径超过 1100 公里;如果战机装载达到极限的 12 吨弹药,其最大作战半径约 1000 公里。通过对比,可以看到苏-32 攻击机作为一架当时世界上体形最大的战斗轰炸机,在满载情况下,其作战半径与专业的轰炸机相比,还有不小的差距。

▶ 该战机装备了机载电子设备,主要用于执行侦察、搜索、攻击海面任务。

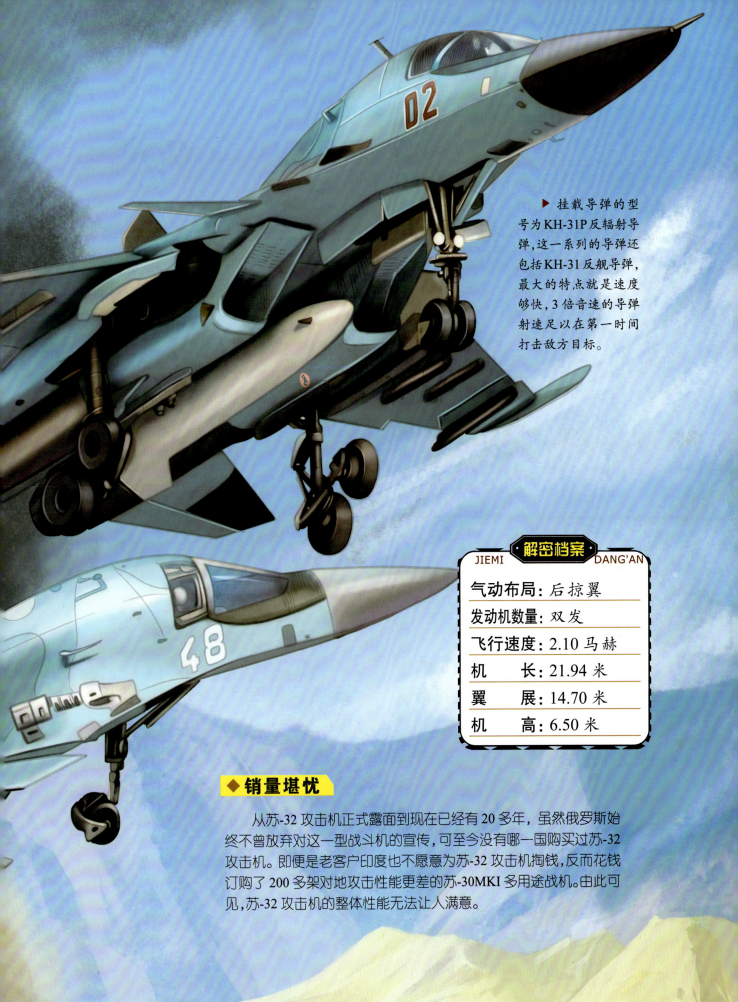

▶ 挂载导弹的型号为KH-31P反辐射导弹,这一系列的导弹还包括KH-31反舰导弹,最大的特点就是速度够快,3倍音速的导弹射速足以在第一时间打击敌方目标。

解密档案
JIEMI DANG'AN

气动布局:后掠翼

发动机数量:双发

飞行速度:2.10 马赫

机　　长:21.94 米

翼　　展:14.70 米

机　　高:6.50 米

◆ 销量堪忧

　　从苏-32攻击机正式露面到现在已经有20多年,虽然俄罗斯始终不曾放弃对这一型战斗机的宣传,可至今没有哪一国购买过苏-32攻击机。即便是老客户印度也不愿意为苏-32攻击机掏钱,反而花钱订购了200多架对地攻击性能更差的苏-30MKI多用途战机。由此可见,苏-32攻击机的整体性能无法让人满意。

气动布局：三角翼

发动机数量：双发

飞行速度：2.17 马赫

机　　长：21.19 米

翼　　展：14.70 米

机　　高：5.93 米

▶战机的前起落架支柱与机身主承力结构直接连接，前轮为双前轮，这样的设计保证了前起落架的结构强度。

苏-33 战斗机

苏-33 战斗机是苏联海军在苏-27 的基础上研制的一型单座双发舰载战斗机，充分继承了苏-27 系列战机气动布局的优点，机翼可折叠，属于四代半战斗机。该战机在苏-27 系列战机的基础上新加了增升装置、起落装置和着舰钩等系统，这些装置既不会影响战机本身的作战性能，同时又能让苏-33 战斗机达到着舰要求。

◆ 一花独放

苏-33 战斗机曾是世界上最先进的舰载战斗机之一，战斗机前部安装前水平翼的设计也是前所未有的新设计。苏-33 战斗机舰载战斗机最大作战半径 1500 公里，全挂载起飞重量 33 吨。相比之下，美国海军引以为豪的"超级大黄蜂"舰载战斗机即使装上 AIM-120 中程空空导弹，在机动性和加速性上，也比苏-33 战斗机差了一大截。

▶ 战机的中央桁梁上安装有尾钩组件，考虑战机在起降时的大迎角状态，为了提高安全性，设计时将尾椎的长度缩短了。

▶ 该战机采用 N001 雷达的改进型，在探测能力上要胜过苏-27。

◆ 研制受限

　　苏-33 战斗机主要用于完成航空母舰战斗群作战任务，采用大推重比涡扇发动机，保证了战机起飞时拥有足够的加速度，完全符合着舰要求。如果用美军的 F-14 等主力机型来对比，我们就会发现苏-33 战斗机的制海能力和对舰、对地攻击能力更为突出。令无数军迷惋惜的是苏-33 战斗机后期的研制受到了限制，原因在于俄罗斯的国力问题，无法提供充裕的资金以供后期研制。

苏-34 战斗轰炸机

　　苏-34 战斗轰炸机是由苏联苏霍伊设计局在 1986 年 6 月开启的研发项目，该战机于 1990 年 4 月 13 日首次试飞，直到 2014 年 3 月 20 日才正式投入使用，是一型超声速的双座双发战斗轰炸机，具有强大的机动性。苏-34 战斗轰炸机的诞生是为了取代苏-24，但由于经费不足，苏霍伊设计局将原本的研制计划换成了改进计划，即在苏-27 战斗机的基础上进行升级和优化。

◆ "鸭嘴兽"

　　直到如今，苏-34 战斗轰炸机仍在俄罗斯空军服役，由于该战机的机头形状像鸭子，军迷也称它为"鸭嘴兽"。这一型战机的外形可谓是一大特色，扁平机头、三翼面布局和加粗加长的尾椎，俗称"鸭头蛇尾"。我们根据它的外形特点很容易将它与"侧卫"系列战机区分开来。

解密档案 JIEMI DANG'AN

气动布局：	鸭式
发动机数量：	双发
飞行速度：	1.80 马赫
机　　长：	25 米
翼　　展：	14.70 米
机　　高：	6 米

◆ 驾驶舱空间大

苏-34 战斗轰炸机的机身结构得到改进，这为它提供了更大的载重能力。该战机的驾驶空间比其他机型要宽敞许多，除去预留给电子设备的空间，驾驶员的空间充裕。在驾驶员座椅后面的一小块空地上装置有尿壶和微波炉，甚至还有用来给驾驶员缓解疲劳的按摩设备，这样的安排有利于驾驶员进行长途飞行。

▶为了让苏-34 战斗轰炸机搭载更多的燃油，以及更大的电子设备，其主要机身结构都得到了加强。

▶采用鸭式机翼，这一点与苏-33 战斗机类似。此外，苏-34 战斗轰炸机还沿用了苏-33 战斗轰炸机式样的前缘边条。为了保证战机起降大仰角飞行时的稳定性，苏-34 战斗轰炸机的前缘边条增加了一条尖锐边缘，这样的设计可产生稳定涡流作用在战机垂尾上。

▶苏-34 战斗轰炸机的机身下有 4 个外挂点，机翼下有 6 个外挂点，翼尖还有 2 个外挂点，一共 12 个外挂点让苏-34 战斗轰炸机拥有了挂载更多制导武器的本钱。

气动布局：变后掠翼

发动机数量：双发

飞行速度：2.25 马赫

机　长：21.90 米

翼　展：15.30 米

机　高：5.90 米

▶ 发动机型号为 AL-41F，单台最大推力 86 千牛，最大加力推力 142 千牛。通过数据对比可以看出该型涡扇发动机即便不开加力，其推力也强过很多中等推力发动机的最大加力推力。

苏-35 战斗机

　　苏-35 是俄罗斯苏霍伊设计局研制的多用途战斗机，属于第四代半战斗机。该战机是在苏-27 战斗机的基础上深度改进而来，具备超强的机动性，北约代号"侧卫"。苏-35 目前正在俄罗斯空军服役，比起第四代战斗机有着明显的优势，在苏-57 大规模量产之前，苏-35 依旧是俄罗斯空军的主力。

▶机翼上装置有大量的传感器,这一设计提高了苏-35战机的智能化水平。

◆ **超视距攻击**

苏-35装置了新型机载设备系统和新型航电系统,以及新型无源相控阵雷达,这些装备保证了苏-35与同类战斗机作战时发挥出明显优势。由于雷达和光电子系统具有远距离、宽视野,以及同时跟踪大量目标的能力,配合远程空对空导弹,苏-35可以对敌方空中目标发起远程攻击。

▶战机座舱前方的蒙皮和苏-30SM战机一样,都做了涂黑处理,这样做的好处是避免反光。

◆ **协同作战**

苏-35装备有俄军最新列装的S-108通信综合系统,当电磁干扰出现时,编队内的战机成员能相互分享未受干扰的友机数据,以保证战机编队在失去预警机的情况下实现协同作战任务。这套数据链基于AT-E数据链终端,最大工作距离500公里左右,再加上基于相同技术的NKVS-27地基通信系统,使得苏-35在对空和对地通信上实现了全数据链化。

苏-37 战斗机

苏-37 战斗机诞生于 20 世纪 90 年代，是由俄罗斯苏霍伊设计局研制的一型超声速喷气式战斗机，于 1996 年 4 月 2 日在莫斯科附近的朱科夫斯基试飞基地进行了首飞。该战机以苏-27 战斗机为原型改进而来，装备了矢量推进器，机动性上提升较大。

◆ "金玉其外，败絮其中"

苏-37 战斗机的纸面数据以及它在试飞阶段展现出的性能都十分可观，但出于资金上的限制，该战机的很多配套子系统远远没有到位。俄罗斯苏霍伊设计局的想法是先让该机成型用作出口，再将出口所获得的资金投入到对该机的下一步研制当中，进一步提升该机的性能。只可惜，苏霍伊设计局的想法落空，导致苏-37 战斗机的配套子系统始终存在不足之处。

▶ 座舱采用玻璃材质，装置了 4 个液晶显示器，可以直接从显示器上读取飞机的各种参数和作战信息。

气动布局：	三翼面
发动机数量：	双发
飞行速度：	2.0 马赫
机 　 长：	22.20 米
翼 　 展：	15.16 米
机 　 高：	5.74 米

▶ 装备了两台 AL-31FU 涡扇发动机，
静推力 83.3 千牛，加力推力 142.1 千牛。

◆ **能力多样**

　　苏-37 战斗机设有 14 个外挂架，可搭载多种空地制导弹药和反舰导弹，拥有强悍的多用途能力。此外，苏-37 战斗机使用多通道数字电传操纵系统，配备最新型的脉冲多普勒机载雷达系统，提高了飞行阶段的自动化，方便了飞行员之间的信息交换，使得该战机具备执行多样化任务的能力。

装备了三维矢量发动机，拥有超强的机动性能。

苏-57 战斗机

苏-57 战斗机是由俄罗斯苏霍伊设计局负责研制的单座双发隐形多功能重型战斗机，于 2010 年 1 月 29 日完成首飞，是俄罗斯第五代战斗机。该战斗机的诞生是为了取代苏-27 战斗机，其在时速、最高时速、战斗载荷等方面都要超过苏-27 战斗机，亮点在于它的超声速巡航能力和超机动性能强。

◆ 最大弹舱

根据俄罗斯苏霍伊设计局公布的相关信息可知，苏-57 战斗机内置 4 个武器舱，战斗载荷可达 6 吨，是世界上五代机中最大的弹舱，在弹仓容量上远超其他五代机。此外，苏-57 战斗机的机翼和机体连接处有一个疑似"导弹茧包"的设备，如果该位置也能容纳武器，那么苏-57 战斗机的挂载能力将更为可观。

解密档案
JIEMI DANG'AN

气动布局：	变后掠翼
发动机数量：	双发
飞行速度：	大于 2.0 马赫
机　长：	19.80 米
翼　展：	14 米
机　高：	4.74 米

◆ 低空作战性能强

俄罗斯媒体公开过一段视频,该视频中一架苏-57战斗机维持低空飞行,高度之低竟然和以涡轮螺旋桨为驱动的飞机一样接近地面,降落到离跑道不到5米的地方后才急速升空。当时处于地面上的采访人员甚至可以看到战机驾驶室的驾驶员。这一镜头给观众留下深刻印象,充分证实了苏-57战斗机拥有非常强悍的机动性能。

▶ 主翼采用三角形结构,后掠角为48°,机翼后缘的后掠角为10°,这两处加装了两组双侧升降副翼。

▶ 在气动设计方面,机翼采用了创新设计——机翼前缘可动边条,该设计可有效提高涡升力的可控性。

雅克-141 战斗机

雅克-141 战斗机是一型单座单发超声速垂直起降战斗机，它是苏联时期的产物，在它之前还从未有过打破音速的垂直起降战斗机。它的诞生是为了满足战舰对舰载战斗机的需求，是苏联特意为 1143 型航空母舰置备的新舰载战斗机。由于 1991 年苏联解体，这一型由苏联雅科夫列夫实验设计局研制的武装直升机从未实现过量产。

解密档案
JIEMI DANG'AN

气动布局：	后掠翼
发动机数量：	双发
飞行速度：	1.70 马赫
机　　长：	18.30 米
翼　　展：	10.10 米
机　　高：	5.00 米

▶ 采用悬臂式上单翼，前缘边条装置在翼根部，为折叠式机翼。

◆ 消耗大

苏联对垂直起降机都严格按照垂直起降来设计,这样的设计能让战机达到舰载要求。这种随地起降的垂直战斗机确实具有一定的优势,但该机型的航程会受到限制。因为垂直起降会消耗大量的燃料,并且起飞重量也受到巨大的限制。

▶尾翼采用双垂尾设计,支撑垂尾的是两个尾撑,角度略向外倾斜,所有尾翼面都有后掠,水平尾翼具有明显的下反角。

▶起落架为三点式设计,可收放,起落架的支柱部分安装有油气减震器。

◆ "飞不出机场栅栏"

设计垂直起降战机是为了让它不用借助机翼起飞,载重和航程都受到很大的限制。如西方的同类战机"鹞"式,垂直起降时只能携带2枚"响尾蛇"空空导弹飞行200公里,被飞行员戏称"飞不出机场栅栏"。雅克-38的数据和它差不多,垂直起飞作战半径只有100公里,载弹量只有1吨,并且可靠性很差,没有实际装备多长时间就被撤了下来。

图-160 轰炸机

图-160 轰炸机是苏联图波列夫设计局研制的一型性能超越美国空军 B-1 轰炸机的超声速可变后掠翼远程战略轰炸机。通过各方面的数据对比，图-160 轰炸机的速度、航程和载弹数量都要超过美国空军的 B-1 轰炸机。由于图-160 轰炸机的外形优雅，加上苏联军方的白色涂装，图-160 轰炸机有了"白天鹅"的称号。

◆ 最强"心脏"

发动机作为战机的"心脏"，其重要性不言而喻。图-160M 安装的 NK-321 加力式涡扇发动机的最大加力推力可达 244 千牛，素有"世界上最强大的军用飞机发动机"称号。

▶ 配备了四台涡扇发动机，型号为库兹涅佐夫 NK-321，重量为 3.4 吨，单台最大推力 137.3 千牛，加力推力 244 千牛。

◆ 最危险战机

图-160 轰炸机是当前世界上性能最强大的战略轰炸机之一,可携带巡航导弹,最大突防速度从过去的 2.05 马赫提升到现在的 2.11 马赫,最大航程 16000公里。这些数据表明图-160 轰炸机的实战性能非常强。

▶ 配置有两个武器舱,可携带短距离攻击导弹、巡航导弹等多种武器,核弹也包括在内。两个武器舱的容量能容纳一个能发射 6 枚 AS.15"撑竿"亚音速空射巡航导弹的旋转发射架。

解密档案
JIEMI　DANG'AN

气动布局:变后掠翼

发动机数量:四发

飞行速度:2.05 马赫

机　　长:54.10 米

翼　　展:55.70 米

机　　高:13.10 米

▶ 机门采用上下分结构设计，由机械助力开关。

▶ 机身平面为梯形，机身上装有全金属悬臂短翼，翼面为固定翼面。

米-24 武装直升机

米-24 武装直升机诞生于 20 世纪 70 年代，由俄罗斯米里直升机设计局负责研制，属于中型多用途武装直升机。该武装直升机于 1973 年正式列装，出口多国，总产量超过 2000 架。

◆ 让美军垂涎

在米-24武装直升机研制成功后，它被投入阿富汗战场上，在当时可谓是独领风骚，碾压美军的 AH-1 眼镜蛇直升机。美军因此立马躁动起来，采取大规模的措施，想方设法尝试偷运一架苏制米-24武装直升机。

▶ 配备两台 TV3-117 涡轮轴发动机，单台最大功率为 1633 千瓦。

◆ 传奇设计师最后的杰作

20世纪60年代早期，战场机动性的需求日益增强，苏联设计师米里认识到制造一种既能提供火力支援又能展开运输任务的飞行器十分有必要。这位传奇设计师当时已经老迈，他将自己最后的精力和时间投入对米-24武装直升机的研制当中。

解密档案
JIEMI DANG'AN

| 气动布局：单旋翼 |
| 发动机数量：双发 |
| 飞行速度：330~335 千米/小时 |
| 机　　长：21.30 米 |
| 翼　　展：17.30 米 |
| 机　　高：5.10 米 |

F-22 战斗机

　　F-22 战斗机是一型由美国洛克希德·马丁、波音和通用动力等公司联合为美国空军设计的重型隐身战斗机，主要任务是取得并确保战区的制空权，是目前世界上唯一现役的第五代战斗机。F-22 战斗机的原型机，即 YF-22 于 1990 年首飞，首架生产型 F-22 战斗机于 1997 年首飞，2005 年服役。

解密档案
JIEMI　　DANG'AN

气动布局：变后掠翼
发动机数量：双发
飞行速度：2.25 马赫
机　　长：18.90 米
翼　　展：13.56 米
机　　高：5.08 米

▶战机设置有两个大弹舱和两个侧弹舱。大弹舱可搭载中距空空导弹或者航空炸弹，而两个侧弹舱专门发射格斗导弹。

▶配备有 1 门火神式航炮，口径 20 毫米。

F-22 战斗机的建造过程中为了保证机身表面具有耐冲击、耐高温的能力，机身采用 BMI 复合材料，导致 F-22 战斗机的单价高达 3 亿多美元。就此问题不仅美国国防部官员多次表达过不满，连该战斗机的飞行员也曾公开表示质疑，指出该战机造价昂贵的问题。

◆ 空战之王

F-22 战斗机是冷战时期的产物，可等它经过不断修改正式列装时，冷战已经结束，只得充当威慑性力量，以及满足对外出口所需。但是在对外出口上它有一个有力的竞争对手——YF-23 战机。不过凭着相对中规中矩、比较稳妥的综合性能，以及 F-22 战斗机在信息、隐身、火力等方面的优势，"空战之王""猛禽"的称号当之无愧。

▶配备两台 F119-PW-100 发动机，发动机的最大推力为 208 千牛，加力推力为 312 千牛。

F-35 战斗机

　　F-35 战斗机，绰号"闪电 2"，是由美国洛克希德·马丁公司与英国、意大利、荷兰等 8 个国家联合研制的单座单发战斗机。

　　该战机于 2006 年 12 月 15 日定型，主要用于执行截击、轰炸、支援等多种任务。由于有着不同的任务需求，该战机衍生出不同起降方式的多个版本。

解密档案
JIEMI DANG'AN

气动布局：	变后掠翼
发动机数量：	单发
飞行速度：	1.60 马赫
机　　长：	15.70 米
翼　　展：	10.70 米
机　　高：	4.60 米

▶采用普拉特·惠特尼公司研制的 F135 加力式涡扇发动机。

▶采用了由 Kaiser 电子公司研制的大型全景多功能显示器，该型尺寸为 8 英寸×20 英寸的显示器是目前战机装备中最大的显示器。

◆ 隐身设计

　　F-35 战斗机装备有主动干扰机、红外诱饵弹、光纤拖曳雷达诱饵等设备，可有效地对抗敌方的导弹攻击系统。另外 F-35 战斗机采用的隐身设计能够改变雷达散射及红外辐射中心，减少来袭导弹的命中率，在双发距离拉近之前很难被敌机发现。

▶F-35 战斗机摒弃了上代战机使用的抬头显示器，采用了头盔显示器。

◆ 万亿美元战机

　　F-35 战斗机整个项目预计花费 1.5 万亿美元，是美国有史以来最贵的武器系统，很多人在听到这个天文数字时都会下意识地忽略这个金额是整个项目的花费。其实一架 F-35 战斗机的造价在 1.5 亿-2.5 亿美元，相对于该战机的整体性能而言，单机造价并不算太高。

▶F-16 战斗机早期配备的发动机是产自普拉特·惠特尼公司的 F100-PW-100 涡扇发动机,最大推力 72.5 千牛,加力推力 111.1 千牛。

F-16 战斗机

F-16 战斗机诞生于 20 世纪 70 年代,由美国通用动力公司负责研制,初型 F-16 战斗机的定位是作为轻型战斗机使用,后来经过改造成了多用途战斗机。

▶F-16A 型有 9 个外挂架:左右机翼下各 3 个,左右翼尖各 1 个,机身腹部 1 个。

◆ 良心价格

F-16 战斗机机身材质 80% 是航空级铝合金，8% 的钢，3% 的复合材料，1.5% 的钛合金。美国在研制 F-16 战斗机时便在造价上做出要求，明确要求其采购单价低。相较于当时性能相差不大的其他战斗机，F-16 战斗机确实称得上是良心价了。

气动布局：	后掠翼
发动机数量：	单发
飞行速度：	2.00 马赫
机　长：	15.09 米
翼　展：	9.45 米
机　高：	5.09 米

▶ F-16A 可执行多种作战任务，主要空战武器包括"响尾蛇"导弹，其型号为 AIM-9。

◆ 设计贴心

F-16 战斗机机身所用的大部分材料非常普通，这为它节省了不少制造成本。战机表面有大量检修面板，这些检修面板中的大部分可以不用专用支架就轻松打开，方便了战机的日常维护工作，可以说是设计贴心。

▶ 配备有 1 门 M61 火神炮，备弹 511 发，可与计算机和雷达配合计算前置角，有效射程 1000 米左右。

气动布局：变后掠翼

发动机数量：双发

飞行速度：2.34 马赫

机　　长：19.10 米

翼　　展：19.54 米

机　　高：4.88 米

F-14 战斗机

F-14 战斗机又被称为"雄猫"战机，它诞生于 20 世纪 70 年代，属于第三代战斗机。该战机采用可变后掠翼设计，具有高机动、大推力等特点，自服役伊始便受到众多飞行员的青睐，是 20 世纪的著名战斗机之一。

机身大量采用钛合金，同时采用少量硼复合材料，使得战机机身得到了较高的强度重量比。

◆ **帅气的战机**

在各国军迷的印象当中,F-14战斗机外形线条硬朗,看上去十分结实,格外炫酷。从侧面看,机身曲线呈S形,配合该战机独特的翼套与可后掠变翼,这样的设计单就外形来看,放眼世界也算是帅气的战机了。

▶采用可变后掠翼,载机背部有着结构复杂的箱形结构——翼盒。

▶F-14战斗机为武器准备了10个外挂点。

◆ **曾经的辉煌**

两伊战争期间,伊朗和美国政府关系还不错,加上卖石油大赚特赚,就向美国订购了几十架F-14战斗机。有这些F-14战斗机的参战,伊朗在两伊战争中大出风头。

▶机身由前、中、后三段组成，为全金属半硬壳结构。

▶设置有 11 个外挂点，总外挂可达 7300 千克。主要武器是空空导弹，辅助武器是 1 门 M61A1 火神机炮。

F-15 战斗机

F-15 战斗机是美国麦克唐纳·道格拉斯公司为美国空军研制生产的双引擎、全天候、高机动性空中优势战斗机，是美国空军一型超声速喷气式第四代战斗机。

·解密档案·

JIEMI DANG'AN

气动布局：后掠翼

发动机数量：双发

飞行速度：2.50 马赫

机　　长：19.45 米

翼　　展：13.05 米

机　　高：5.65 米

◆ 宝刀未老

随着各国战机陆续换代，美国 F-15 战斗机的性能难免有些落伍，跟不上现代战场的需求。后来美国对 F-15 战斗机进行升级，实际上就是配备了一套电子战系统。这样一来，美国 F-15 战斗机完全有能力继续服役下去。

▶ 早期的 F-15 战斗机以两台普·惠公司生产的 F100-PW-100 涡扇发动机作为动力装置，1991 年后换装推力为 129 千牛的 F110-GE-129 或 F100-PW-229 涡扇发动机。

◆ 未尽的传奇

美国 F-15 战斗机于 1972 年开始服役。过去的 F-15 战斗机活跃在世界的各个舞台上，如今的它已经发展了五代。它的传奇并未终结，相信以后很长一段时间还能看到它的身影。

41

F-15SE 战斗机

F-15SE 战斗机是 F-15 的升级机型,主要特色是能对雷达隐形,方法是将武器藏于机身内,机身表面采用无线电波吸收材料作为涂层。

解密档案
JIEMI DANG'AN

气动布局:后掠翼

发动机数量:双发

飞行速度:2.50 马赫

机　　长:19.43 米

翼　　展:13.05 米

机　　高:5.63 米

▶ 对比 F-15E,其内部构造进行了重新设计,机身外表使用了先进匿踪涂料。

▶ 采用串列双座后掠翼气动布局,安装有两台涡扇发动机,具备高机动性作战能力。

◆ 隐身"鹰"

F-15SE 战斗机的隐身性能之所以优秀,除了它的内藏式武器和隐身涂层外,它还安装了有源相控阵雷达等先进设备,并对操控系统进行了升级改造,隐身效果自然更加突出。优秀的设计加上特定的隐身材料,再加上先进的设备和系统,这就是升级后的隐身"鹰"。

▶ 该机具备完善的全天候作战能力,可使用先进的中距空空导弹摧毁敌机,主要遂行空中优势作战任务,并发展出空地作战改型。

◆ 市场低迷

随着新一代战机问世,F-15SE 战斗机陷入了尴尬的境地。论战斗力,F-15SE 战斗机根本不是 F-22 和 F-35 战斗机的对手,毕竟后两者属于五代战机。论成本,F-15SE 高昂的建造成本更是让人望而却步,缺乏市场也就不足为奇了。

F-15SG 战斗机的造价达到 1 亿美元,其总体性能直追 F-22 战斗机。F-15SG 战斗机的造价并不占优势,但 F-22 战斗机的生产线关闭,以及 F-35 战斗机被曝性能不完美后,F-15 战斗机系列的改进型在国际市场上仍大有可为。

解密档案
JIEMI DANG'AN

气动布局:	后掠翼
发动机数量:	双发
飞行速度:	2.50 马赫
机　　长:	19.43 米
翼　　展:	13.05 米
机　　高:	5.63 米

▶F-15SG 战斗机左侧油箱挂架上可挂载 6 枚 GBU-54 联合直接攻击制导炸弹,也就是军迷常说的 250 公斤级的 JDAM。

8303

▶F-15SG 战斗机是 F-15E 战斗机的最新改进型,使用通用电气 F110 涡扇发动机。

F-15SG 战斗机

F-15SG 战斗机是 F-15 系列战机中最为先进的机型。作为出口新加坡的商品,F-15SG 战斗机配备了头盔显示系统、高精度瞄准吊舱、主动相控阵雷达等先进设备,是一型多用途战斗机。

▶ 由于加装了保型油箱,导致战机的自重增加,在机动性能上并不占优势。

◆ **三代半战机**

F-15SG 战斗机配备了多种先进电子设备,动力设备为高性能的 F110-GE-129 发动机,从整体性能来看不属于美军自用的战斗机,有三代半战机的称号。

▶ 主要武器为 AIM-120C7 中距空空导弹和 AIM-9 近距空空导弹,作战性能相当不错。

F/A-18 战斗机

F/A-18 战斗机诞生于 20 世纪 70 年代，是美国麦克唐纳·道格拉斯与诺斯罗普公司在 YF-17 战机的基础上研制的中型多用途战斗机。该战机于 1983 年正式服役于美军，随后出口多国。

◆ 生存能力强

F/A-18 战斗机的主要优点是生存能力强，方便维护，可靠性高，大迎角飞行性能好以及武器投射精度高。据称，该机的设计标准是飞行寿命 6000 小时，电子设备和消耗器材中 98% 有自检能力，机载电子设备的平均故障间隔为 30 飞行小时，雷达的平均故障间隔时间为 100 小时。

▶ F/A-18 战斗机属于多用途战斗机，可执行空对空和空对地攻击任务，也可执行空中加油任务。

▶ 机翼面积为 37.16 平方米，采用双发后掠翼和双垂尾的总体布局，低速性能得到改善。

▶ 机身主要采用轻合金材料，半硬壳式设计。

VMFA-323

▶ 进气口设置在边条下方根部，具有大攻角性能。

解密档案

JIEMI DANG'AN

气动布局：后掠翼

发动机数量：双发

飞行速度：1.80 马赫

机　　长：17.70 米

翼　　展：11.43 米

机　　高：4.66 米

◆ 不负众望

　　为了提升 F/A-18 战斗机的性能，美军对它进行了大改造。首先是更换航电设备，在机身前端增加了自卫干扰机的阵列天线。在垂尾顶部加装了高低波段天线，还更换了通用的弹射座椅，增加了发射新型武器的能力。F/A-18 战斗机不负众望，在海军作战中能起到相当重要的作用。

47

F/A-18E/F 战斗机

F/A-18E/F战斗机是在"大黄蜂"战机的基础上研制的一型先进打击战斗机，于1992年5月正式开始调制，1995年11月29日完成首飞。

▶ F/A-18E/F 战斗机内部载油达6.6吨，可挂载4个大型副油箱。

解密档案
JIEMI　DANG'AN

气动布局：后掠翼

发动机数量：双发

飞行速度：1.80 马赫

机　　长：18.40 米

翼　　展：13.60 米

机　　高：4.90 米

▶ 配备两台通用电气公司生产的F414-GE-400涡扇发动机。单台发动机最大推力62.3千牛，最大加力推力97.84千牛。

◆ **战功赫赫**

F/A-18E/F 战斗机已经服役了将近 30 个年头，战机机体已出现老化现象，继续进行高强度空中作战有一定的坠机风险。美军考虑 F/A-18E/F "超级大黄蜂"立下了赫赫战功，打算对其进行最后一次升级，也就是最终型号 "终极大黄蜂"。

◆ **"重"型战机**

F/A-18E/F 战斗机最大的改进就是增大了航程，新加了外加挂，最大可挂载 8051 千克。这样一来，F/A-18E/F 战斗机的载弹量、载油量和作战能力都提升了许多，续航时间延长了 50%左右。

▶ 采用线传飞行控制系统，较之 "大黄蜂"战机不同的是它安装的是四通道系统，提高了可靠性

▶ 采用 AN/APG-79 有源相控阵雷达。

▶ 配备有内部武器舱，可携带2枚 BLU-109激光制导炸弹，也可以携带各种战术战斗机使用的武器。

"夜鹰"F-117战斗机

"夜鹰"F-117战斗机诞生于20世纪80年代初，由美国洛克希德·马丁公司负责研制，是一型单座双发亚音速喷气式多功能隐身攻击机。

解密档案
JIEMI DANG'AN

气动布局：三角翼

发动机数量：双发

飞行速度：1.10马赫

机　　长：20.08米

翼　　展：13.20米

机　　高：3.78米

◆ 造型独特

F-117战斗机刚问世时，它独特的外形就引来各国军迷的兴趣。其外形和现代飞机那光滑平缓的外形不同，它的机身呈多棱角、多平面的锥体形状，就连座舱都是外形酷似金字塔的设计。这样做的好处是让战机实现隐身效果，缺点是会影响飞行员的视野。

◆ 黯然退役

1999年，在战争中一架F-117战斗机被对手击落。其官方表态，他们能击落这架F-117战斗机是因为一台老式雷达捕捉到了F-117战斗机的踪迹。战机被击落，战机的秘密也随之曝光，美军便让F-117战斗机退役了，换上更加先进的F-22和F-35战斗机。

▶ 机身呈多棱角、多平面的锥体形状,使用了大量轻质复合材料,机内没有安装任何有源传感器。

▶ 装有GEC公司的四余度电传操纵系统,由机头的四个全方位空速管获得数据。

1982 年,阿根廷方"超军旗"战斗机亮相于马岛战争之中,使用飞鱼导弹命中英国战舰,并使其最终沉没。在 1983 年底的"游轮战争"中,伊拉克军方也用上了"超军旗"战斗机,不少油轮毁于该战机之下。

"超军旗" 战斗机

"超军旗" 战斗机是法国 "军旗" IVM 攻击机的改进型,由法国达索飞机公司负责研制,属于一款旗舰攻击机,于 1978 年正式入列法国海军。

解密档案
JIEMI DANG'AN

气动布局:	后掠翼
发动机数量:	单发
飞行速度:	0.98 马赫
机　长:	14.31 米
翼　展:	9.60 米
机　高:	3.86 米

▶ 主翼与机身中段连接,所附的双翼缝襟翼拥有较大的角度变化范围,翼根与翼梢的厚度比为 5%,弦长比为 6%。

▶ 全金属结构机身,中段截面面积较小,后段可拆除以更换发动机,起落架容舱前方配备有两具多孔减速板。

▶ 配备亚塔 8K50 发动机,额定推力为 49 千牛,拥有较好的抗海水腐蚀性。

◆ **大受欢迎**

如果单从数据来看,"超军旗"战斗机相比于同时代的 F/A-18"大黄蜂"确实找不到突出之处。但"超军旗"战斗机的优秀性能在实战中经受住了考验,因此它在军火市场大受欢迎。事实证明,在后来的较量中,"超军旗"战斗机所获战果比同时代最著名的三种攻击机总和还丰硕。

LCA 战斗机

LCA 战斗机的北约代号为"光辉"，是由印度斯坦航空有限公司开发的一款超声速战斗攻击机，主要任务是近距离支援、争夺制空权，是印度自行研制的第一种全天候高性能战机。

出世便落后

LCA 战斗机的研发计划是印度政府于 1983 年提出的，但由于该项目立项时间过于久远，成型后的性能又未能达到预期目标。LCA 战机真正问世时，其他国家的四代战机已开始服役。

解密档案
JIEMI DANG'AN

气动布局：	后掠翼
发动机数量：	单发
飞行速度：	1.80 马赫
机　　长：	13.20 米
翼　　展：	8.20 米
机　　高：	4.40 米

▶配备有抗干扰无线电通信系统，干扰机、电磁、电光接收机，以及先进的电子对抗设备。

▶ 雷达具备多种功能,集探测、追踪、地形回避和制导武器发射等功能于一体。

▶ 采用四余度数字线传飞行控制系统,可靠性高,反应灵敏。

半成品

尽管印度政府和印度民间都对 LCA 战斗机抱以厚望,并声称能将其发展成"具备隐形能力的第五代战斗机"。然而,从实际的测试结果来看,LCA 战斗机根本没有达到四代战机的标准,只能算作是三代半战斗机,印度国防部部长安东尼不得不承认 LCA 战斗机是"半成品"。

图-22M 轰炸机

图-22M轰炸机是由苏联图波列夫设计局研制的一型超声速远程战略轰炸机，可远距离快速奔袭目标，完成战略核轰炸或战术轰炸。该型战机于1972年完成首飞，于1993年停产，现在仍有部分在俄罗斯空军中服役。

解密档案
JIEMI DANG'AN

气动布局：	后掠翼
发动机数量：	双发
飞行速度：	2.30 马赫
机　　长：	42.46 米
翼　　展：	34.28 米
机　　高：	11.08 米

▶采用全金属半硬壳式结构，机身前半段包含驾驶舱、雷达舱和空中加油相关装置。

▶舱室内有四个座位，前面两个分别为驾驶座和副驾驶座，后面两个分别为武器操作座和导航座。

优势明显

　　图-22M 轰炸机是 20 世纪 70 年代的产物,但放在 21 世纪的今天仍是俄军轰炸机部队的主力型号之一。该战机集超声速飞行、高航程、核打击和反舰能力于一体,相较于其他国家的轰炸机优势明显。可以轰炸攻击除葡萄牙和挪威以外的所有欧洲国家,如果进行空中加油,美国也能列入目标范围之内。

▶配备两台 NK-22 型双转子加力式涡轮风扇发动机,该发动机是在 HK-8 不加力涡轮风扇发动机的基础上改进而来的,加装了加力燃烧室。

▶装备有远距离探测雷达,具有陆上和海上下视能力,此外还配备有轰炸导航雷达和全向警戒雷达。

FA-50 攻击机

FA-50 攻击机是在 T-50 "金鹰" 教练机的基础上改进而来的一型轻型攻击机，它的出现是为了替换掉韩国军队老旧的 F-5E/F 等战机。

解密档案
JIEMI DANG'AN

气动布局：后掠翼

发动机数量：单发

飞行速度：1.50 马赫

机　　长：12.98 米

翼　　展：9.17 米

机　　高：4.78 米

▶ 机身尺寸、航电系统、飞控系统、座舱及舱内配置与 T-50 教练机相同。

▶ 配备一具 F404-GE-102 涡轮扇发动机，一具 AN/APG-67 (V)4 脉冲多普勒 X 波段多模式雷达。

001

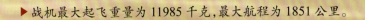

▶战机最大起飞重量为 11985 千克,最大航程为 1851 公里。

▶配备一门 M61A1 20 毫米火神式六管旋转式机炮,可挂载空对空、空对地导弹,以及多种型号的通用炸弹和集束炸弹。

◆ 低成本

　　作为一款改进自 T-50 教练机的轻型战斗机,沿用 T-50 教练机部分结构和配置,其制造成本较低,另外值得一提的是它的使用成本也低,受到菲律宾、波兰等国的欢迎。其中,波兰与韩国签署了 48 架韩国产轻型 FA-50 攻击机的出口履行合同,约为 30 亿美元。

气动布局:	飞翼
发动机数量:	四发
飞行速度:	0.95 马赫
机　　长:	21.00 米
翼　　展:	52.40 米
机　　高:	5.18 米

▶机身表面覆盖一层特殊弹性材料,可以起到减少来自接头或接缝处的雷达波反射的作用。

0332

B-2 战略轰炸机

　　B-2"幽灵"战略轰炸机是一型可侦测性低的隐身战略轰炸机。该战机于 1997 年正式服役,美国空军称其具有"全球到达"和"全球摧毁"能力。

　　▶B-2 战略轰炸机与传统飞机不同,没有垂尾。该机呈偏航中性,也就是说当 B-2 战略轰炸机向左或向右转弯时,不会产生回中的气动力。

◆ **造价高昂**

　　B-2"幽灵"战略轰炸机的早期造价高达24亿美元,后期造价压缩为21亿美元,是当今世界上造价最高的飞机,没有之一。据估算,如果按照当初黄金的价格来计算,B-2"幽灵"战略轰炸机的重量单位价格是黄金的2～3倍,差不多为同期"尼米兹级"核动力航母造价的一半。

▶配备4台F1K8-GE-100非加力涡扇发动机,每台额定静推力8618千牛,安装之中央机身两侧的发动机舱内。

▶乘员编制为两名,座位并列,右侧是指挥官的位置,左侧是飞行员的位置。

◆ **为所欲为**

　　B-2战略轰炸机拥有强大的隐身能力,能够安全地穿过严密的防空系统展开攻击,足以引起各国的高度警戒。即便目前哪一国家有雷达能够发现它,也难以有效地拦截它,因此美国的B-2战略轰炸机在条件允许的情况下可以为所欲为。

"阵风" 战斗机

"阵风" 战斗机于 2001 年 5 月正式服役，属于四代半战斗机。它是由法国达索飞机制造公司负责研制的，功能全面，既能对地攻击，也能空中格斗，还能作为航母舰载机，甚至可以投掷核弹。

◆ 全能战斗机

"阵风" 战斗机设置的挂载点多达 14 个，可挂载种类繁多的空空和空地武器，根据作战任务需求的不同，也可以外挂副油箱和传感器吊舱。另外，"阵风" 战斗机的结构和制造材料都经过优化，十分契合战机本身的飞行控制系统，作战反应敏捷。

解密档案 JIEMI DANG'AN

气动布局：鸭式

发动机数量：双发

飞行速度：1.80 马赫

机　　长：15.27 米

翼　　展：10.80 米

机　　高：5.34 米

▶ 配备有两台 M88 系列发动机，单台推力 50.4 千牛、加后燃推力 75.62 千牛。

▶ 大部分部件和升降副翼采用碳纤维复合材料，部件安装接头采用铝锂合金制造。全翼展两段式前缘缝翼与副翼用钛制造，两者可联动，可改变机翼弯度，增加升力。

▶ 设置有 14 个外挂点，可挂载多种武器和副油箱，总外挂能力在 6 吨以上。

▶ 配备的主要空对空导弹是"米卡"系列导弹（MICA），另配有 1 门 30 毫米航空机炮。

◆ **首秀惨败**

印度一直热衷于进口武器，印度空军在引进 5 架"阵风"战斗机后便迫不及待地进行了演习，然而演习结果却是"阵风"战机完败于苏-30MKI 战斗机和米格-29 战斗机。印度不得不考虑另找卖家，想要花高价购买俄罗斯的苏-57 战斗机。

JAS-39 战斗机

JAS-39 战斗机是一种集攻击、侦察、截击为一体的新一代多用途战斗机，用于更新瑞典空中力量。该战机由瑞典 SAAB 公司负责研制，于 1993 年 6 月 3 日正式服役。

气动布局：	三角翼
发动机数量：	单发
飞行速度：	2.10 马赫
机　　长：	14.10 米
翼　　展：	8.40 米
机　　高：	4.50 米

▶ 主要武器装备为 1 台毛瑟 BK2727 毫米机炮。

▶ 战机外挂点可挂载 Rbl5F/Rb75 空地导弹、Rb74/A1M-120 空空导弹、常规炸弹、火箭和 DWS39 武器子系统等。

▶ 由鸭翼与三角翼组合成近距耦合鸭式布局，结构上广泛采用复合材料，复合材料的使用量占到机体结构的 25% 到 30%，实现了飞机减重。

▶配备一台RM12 涡扇发动机，静推力为54千牛，加力推力为80.5 千牛。

◆ **小巧精悍**

　　JAS-39 战斗机的重量相较于美国的战机要轻了许多，体形也要小上不少，这样的设计会降低战机的载弹量和作战半径，但战机的灵活性无疑能得到大幅提升。JAS-39 战斗机凭借其出色的气动设计和电传系统，以及简单可靠的设计，在国际军工市场受到不少国家的喜爱。

"虎"式武装直升机

　　"虎"式武装直升机由法国和德国联合研制，是世界上第一种将制空作战纳入设计思想并付诸实施的武装直升机。"虎"式武装直升机在维护成本、机动性、续航等方面都要优于 AH-64 武装直升机，但在武器方面略显不足。

▶ 装载有具备保密能力的数字资料传输系统。

▶ 配备电子战套件，该套件以处理器为核心，整合有多种警告器以及测量系统。

◆ 定位不准

　　"虎"式直升机是一型中型武装直升机，集空对空、空对地、侦察作战功能于一体。这样一来就导致该直升机的火炮打击能力、载弹量都明显不足，但它的价格一点不便宜，比阿帕奇还贵。事实证明，"虎"式直升机当初的研发定位和市场定位都不准确。

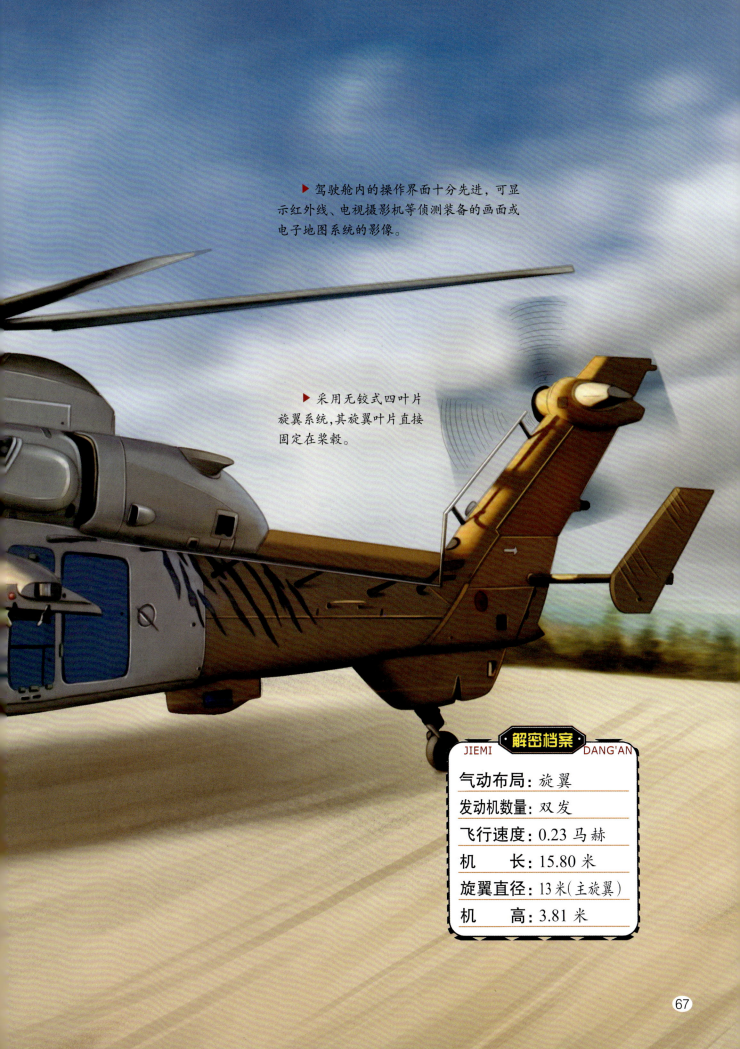

▶ 驾驶舱内的操作界面十分先进，可显示红外线、电视摄影机等侦测装备的画面或电子地图系统的影像。

▶ 采用无铰式四叶片旋翼系统，其旋翼叶片直接固定在桨毂。

解密档案
JIEMI   DANG'AN

气动布局：旋翼

发动机数量：双发

飞行速度：0.23 马赫

机　　长：15.80 米

旋翼直径：13 米（主旋翼）

机　　高：3.81 米

卡-52 武装直升机

卡-52 武装直升机于 2011 年 11 月正式服役，由苏联卡莫夫设计局负责研制，是一型共轴反转双旋翼式并列双座武装直升机。该直升机的研制还要追溯到 20 世纪 80 年代，当时苏联对它的研制便是根据现代武装直升机的驾驶需要和所担负的战斗任务而设计开发的，可以满足全天候作战任务的需求。

▶ 驱动装置为两台 TB3-117BM 涡轴发动机，每台功率为 2200 千瓦。

解密档案	
JIEMI	DANG'AN
气动布局：旋翼	
发动机数量：双发	
飞行速度：0.29 马赫	
机　　长：15.96 米	
旋翼直径：14.43 米	
机　　高：4.93 米	

▶ 进气口装有防沙尘装置。排气口装有红外抑制器，可降低发动机的红外辐射水平。

▶机体采用大量复合材料,但驾驶舱未采用复合材料。

▶采用双旋翼共轴式布局,两台涡轴发动机安装在机身两侧的短翼上方。

◆ **折戟叙利亚**

2016年,卡-52武装直升机被部署到叙利亚执行作战任务,为地面作战人员提供火力支援。时隔两年,叙利亚就传来消息,在那里执行任务的卡-52武装直升机出事了,外界推测可能是卡-52武装直升机出现了技术故障。

▶相较卡-50战机,卡-52武装直升机的驾驶舱没有采用传统的串列两个座椅的布局,而是采用两个并列座椅,供驾驶员和射击员乘坐。

F-20 战斗机

　　F-20 战斗机原型是美国诺斯洛普公司研制的 F-5 单发轻型战术战斗机，F-5 战斗机的改型销售到了全球三十多个国家，是 20 世纪最成功的外贸型战机系列之一。由于美国当局政策的变动，诺斯洛普公司决定在 F-5 战斗机基础上进一步降低标准，用更少的费用投入新型 F-5G 战机的研发，于是 F-20 战斗机便诞生了。

　　▶F-20 战斗机外观上最大的不同就是发动机的数目由 F-5 系列的两具减少为一具。新的发动机采用 GE 公司生产的 F404 涡轮扇发动机。

解密档案
JIEMI　DANG'AN

气动布局：	后掠翼
发动机数量：	单发
飞行速度：	2.10 马赫
机　　长：	14.2 米
翼　　展：	8.10 米
机　　高：	4.20 米

　　▶F-20 战斗机有 7 个外挂点，可以带 6 枚"响尾蛇"导弹或 4 枚"幼畜"4 空地导弹。另装备有 2 门 20 毫米(0.787 英寸)M39 单管机炮，每轮 280 发。

◆ 声名恶劣

F-20 战斗机一共生产了两架原型机。1984 年 10 月,第一架 F-20 原型机在上升横滚中失事,飞行员死亡;1985 年 5 月第 2 架原型机在鹅湾飞行中失事,飞行员死亡。尽管结论为事故与飞机本身无关,但是 F-20 战斗机仍然留下了恶劣的名声。

▶雷达型号为 AN/APG-67,除了提供较多的对空与对地模式之外,最重要的提升是赋予 F-20 战斗机雷达导引空对空导弹的能力,使得 F-20 战斗机拥有了超视距作战能力。

AH-64 武装直升机

AH-64 武装直升机是一型双座双发全天候攻击直升机，由美国休斯飞机公司负责研发，于 1975 年 9 月 30 日完成首飞。AH-64 武装直升机曾在美国入侵巴拿马的战争中发挥重要作用，在后来的阿富汗、伊拉克战场上，也能见到 AH-64 武装直升机频频亮相。

▶ 旋翼桨叶能够经受住 12.7 毫米口径航炮攻击。

解密档案
JIEMI DANG'AN

气动布局：旋翼

发动机数量：双发

飞行速度：0.30 马赫

机　　长：17.76 米

旋翼直径：14.63 米

机　　高：3.50 米

▶ 配备有"长弓"毫米搜索波雷达，可用武器包括"地狱火"反装甲导弹、"响尾蛇"空空导弹、30 毫米链式机关炮等。

▶主要的观测系统都位于机首,分为两个部分:AN/ASQ-170目标获得系统以及AN/AAQ-11飞行员夜视系统。

▶配备有两台 T-700-GE-701 涡轴发动机,单台最大持续输出功率为 1510 马力。

▶机身两侧各有一个短翼,每个短翼各有两个挂载点。

◆ **如雷贯耳**

AH-64 武装直升机诞生后声名远扬,给苏联制 T-72 战机带来了严重威胁。在海湾战争中,AH-64 武装直升机出色地完成了多种作战任务,很快吸引了各国注意,公认这一款武装直升机的综合战斗能力十分出色,是一款最具代表性的先进武器。

EF-2000 战斗机

EF-2000 战斗机诞生于 20 世纪 80 年代，由欧洲多国联合设计和生产，是一型配备双发动机的多用途战斗机。该战斗机已经投入量产，在多国空军中服役。

◆ "心脏"强劲

EF-2000 战斗机配备有两台 EJ200 涡扇发动机，单台最大推力 60 千牛，最大加力推力 89 千牛，可以保证台风战斗机最大推力达到约 180 千牛，这是目前世界上最先进的中等推力涡扇发动机，产自欧洲发动机公司。即便是在战机满载的状态下，还能保证灵活的飞行动作，完成一系列高机动飞行，这得益于它有个好"心脏"。

解密档案
JIEMI DANG'AN

气动布局：	三角翼
发动机数量：	双发
飞行速度：	2.00 马赫
机　　长：	15.96 米
翼　　展：	10.95 米
机　　高：	5.28 米

▶ 采用鸭式三角翼无尾布局，机身下设置有矩形进气口。这一设计为战机带来了优秀的机动性，但在隐身性能上明显不足。

▶ 大量采用复合材料和合金材料,配备包括低雷达横截面和被动传感器在内的隐身技术。

▶ 每个机翼下各有4个外挂点,进气道正下方有1个外挂点,进气道两边角落各有两个半埋式挂点。

▶ 配备全权四余度主动控制数字式电传系统,拥有任务自动配置能力。

2000 战斗机

2000 战斗机采用和"幻影"Ⅲ战机相同的"无尾三角翼"气动布局，应用了电传操作、放宽静稳定度和复合材料等多项先进技术，并安装有大推力涡轮风扇发动机及更先进的电子设备，作战水平大幅提高，属于第三代战斗机。

▶配备1台M53发动机，这是世界上独一无二的单轴式涡轮风扇发动机，它的结构简单，由10个可更换的单元体组成，易于维护。

▶广泛采用了碳纤维、硼纤维等复合材料。

▶展弦比小，有利于减小弯矩，根梢比大，使气动中心接近翼根，也可减小弯矩。

▶翼根处的绝对厚度大，不仅利于减轻机翼结构重量，便于制造，而且强度较高。三角形机翼的可用容积大，便于装燃油、起落架及各种设备。

解密档案
JIEMI DANG'AN

气动布局：	三角翼
发动机数量：	单发
飞行速度：	2.30 马赫
机　　长：	14.36 米
翼　　展：	9.13 米
机　　高：	5.20 米

◆ 一机多用

由于采用了技术领先的电传操作系统，该战机具备强大的空中格斗能力，其实力不亚于美军的F-16战斗机。从武器配置来看，2000战机可搭载诸如"米卡"空空导弹、集束炸弹甚至是ASMP核巡航导弹等不同类型弹药，能够担负海陆空常规性打击和核打击双重作战任务。在专家看来，该战机充分展现了法军构建"一机多用"作战体系的思想。